Verborgene Schätze
zwischen Egge
und Weser

Für meinen Vater, den großen Pflanzenfreund
Burkhard Beinlich

Für Bina, Maria und Johanna
Frank Grawe

Der Druck dieses Buches wurde gefördert durch folgende Institutionen:

Bibliografische Information der Deutschen Nationalbibliothek
Die Deutsche Nationalbibliothek verzeichnet diese Publikation in der Deutschen Nationalbibliografie; detaillierte bibliografische Daten sind im Internet über http://dnb.ddb.de abrufbar.

Verlag Jörg Mitzkat
Holzminden, 2008

Druck: Lönneker, Stadtoldendorf
ISBN 978-3-940751-07-2

Verborgene Schätze zwischen Egge und Weser

Die Vielfalt der Natur im Kulturland Kreis Höxter

Fotos:
Frank Grawe
Texte:
Burkhard Beinlich

Herausgegeben von
der Landschaftsstation im Kreis Höxter e.V.

Verlag Jörg Mitzkat

Inhalt

Zum Geleit

Liebe Leserinnen und Leser,

dieser prächtige Bildband charakterisiert das Kulturland Kreis Höxter mit seiner landschaftlichen Vielfalt und Schönheit. Auf rund 300 Photos dokumentiert Frank Grawe Impressionen der abwechslungsreichen Kulturlandschaft mit ihrer faszinierenden Tier- und Pflanzenwelt.

Seine stimmungsvollen und farbenfrohen Landschaftsfotografien werden ergänzt durch Nahaufnahmen „verborgener Schätze“, die unseren Blick öffnen für die Kleinodien der Natur. Gestochen scharfe Fotos präsentieren eindrucksvoll den Reichtum an Wildkräutern, deren Blütenpracht die sommerlichen Ackerfluren zieren, sie zeigen die seltene Vielfalt bunter Orchideen, die auf den warmen Böden lichtdurchfluteter Buchenwälder und Kalkmagerrasen gedeihen. Fotos von nistenden Uhus, Schwarzstörchen, Wildkatzen oder Kammmolchen gewähren uns Einblicke in die Natur, die wir auf Spaziergängen oder Wanderungen eher selten zu sehen bekommen.

Auf der reich bebilderten naturkundlichen Reise durch das Kreisgebiet begleitet uns überaus kompetent der Biologe Dr. Burkhard Beinlich mit seinen kompakten und höchst informativen Texten. Er schärft unseren Blick für die Kulturlandschaft als Lebensraum vieler Arten. Dabei unterliegen Natur und Landschaft seit jeher stetigen Veränderungen. Der langjährige Leiter der Landschaftsstation des Kreises Höxter eröffnet uns in dem Bildband neue Perspektiven auf die vielfältigen landschaftsprägenden Veränderungen durch klimatische Einflüsse, wie Stürme oder Hochwasser, durch das gestalterische Potential der Tiere, deren unterschiedliche Lebensweisen langfristige Auswirkungen auf die Vegetation haben, und durch die Jahrtausende währenden Einflüsse des Menschen. Der Autor nimmt uns nicht nur mit auf eine Reise durch die abwechslungsreiche Landschaft des Kreises Höxter, sondern auch auf eine Zeitreise, die uns die erdgeschichtlichen Wurzeln der heutigen Vielfalt an Lebensräumen vor Augen führt.

Besonders bedanken möchte ich mich bei den zahlreichen Förderern, die den Bildband ermöglicht haben, allen voran der Nordrhein-Westfalen-Stiftung Naturschutz, Heimat- und Kulturpflege. Sie hat nicht nur den Druck dieses Buches mit einer großzügigen Förderung unterstützt, sondern durch den Kauf von Naturschutzflächen bei Willebadessen und durch zahlreiche andere Förderungen dazu beigetragen, dass es im Kreis Höxter zahlreiche Schätze zu entdecken gibt.

Der Bildband ist eine großartige Kombination aus schönen Bildern und interessanten Informationen. Ich wünsche Ihnen, liebe Leserinnen und Leser, eine spannende naturkundliche Reise durch unser Kulturland Kreis Höxter.

Herzlichst Ihr

Hubertus Backhaus

Landrat des Kreises Höxter

Corvey, ehemalige Benediktinerabtei und heutiges Schloss. Das Westwerk der Klosterkirche wurde zwischen 873 und 885 errichtet. Es stellt nicht nur das älteste westfälische Baudenkmal dar, sondern ist auch das älteste erhaltene Westwerk überhaupt. Nicht ohne Grund wird es auch ehrfurchtsvoll als das „Heiligtum“ Westfalens bezeichnet.

Eingebettet in eine reichhaltig gegliederte Kulturlandschaft liegt bei Vörden die ehemalige Benediktiner-Abtei Marienmünster.

In idyllischer Lage oberhalb der Diemel gelegen entführt die verträumte Altstadt von Warburg mit ihren Winkeln und Gassen, Treppen und Mauern den Besucher in längst vergangene Zeiten.

Das Wasserschloss Heerse, erbaut im Jahre 1599

Einleitung

Im östlichsten Zipfel von Nordrhein-Westfalen liegt der Kreis Höxter, der sich mit gutem Recht selbst das Prädikat „Kulturland Kreis Höxter“ verliehen hat - ist er doch mit prächtigen Klosteranlagen, idyllische Fachwerkstädtchen und Dörfern, imposanten Gutshöfen und schmucken Schlössern reichlich gesegnet. All diese Kleinodien machen aber nur einen Teil der vielfältigen Kulturlandschaft aus - genauso bedeutend und wichtig ist die Land-

Prächtige Klosteranlagen, idyllische Fachwerkstädtchen und Dörfer

schaft selbst, in die die kulturellen Güter eingebettet sind. Dessen ist man sich oft kaum bewusst - die Landschaft wird als Kulisse wahrgenommen, ihr eigenständiger Wert tritt in den Hintergrund. Der vorliegende Bildband hat deshalb die Landschaft zwischen Egge und Weser, Emmer und Diemel im Fokus, oder genauer, im Objektiv und soll die Augen öffnen für die vielen, häufig verborgenen Naturschönheiten, die das „Kulturland Kreis Höxter“ genauso kennzeichnen wie die Kirchen und Klöster, die Fachwerkstädte oder die Schlösser und Gutshöfe.

Umgeben von ausgedehnten Wäldern markiert der Köterberg, mit 496 m der höchste Berg des Weserberglandes, die nördliche Grenze des Kreises Höxter.

Weser-Hochwasser bei Lüchtringen. Im Hintergrund erhebt sich die von ausgedehnten Wäldern bedeckte Buntsandsteinplatte des Sollings.

Naturlandschaft – Kulturlandschaft

Die Landschaft Mitteleuropas, so wie sie sich heute darstellt, ist das Ergebnis eines komplizierten Wechselspiels von unbelebter und belebter Natur sowie der jahrtausendewährenden Einflussnahme des Menschen. Auch wenn der Mensch seine Umwelt stark nach seinen Bedürfnissen gestaltet hat, werden die Möglichkeiten und Grenzen der Landschaftsentwicklung im Wesentlichen von den natürlichen Faktoren vorgegeben. Es sind letztendlich die Gesteine, die sich aus ihnen entwickelnden Böden, das Klima und das Wasser, die über das Vorkommen von Arten entscheiden und die Zusammensetzung der Tier- und Pflanzengesellschaften bedingen. Eine besondere gestalterische Kraft kommt dem Wasser zu, es hat unsere Landschaft über Jahrmillionen modelliert und die sanften Hügel und Kuppen oder die steil abfallenden Berge, z.B. des Wesertals, entstehen lassen. Die vom Menschen zumeist als zerstörerisch empfundene Kraft eines Hochwassers ist für die Natur von gegenteiliger Bedeutung: Sie wirkt schöpferisch, schafft neue Lebensräume und ist somit Quell neuen Lebens. In der Naturlandschaft beeinflußten aber auch Sturm und Feuer die Zusammensetzung der Lebensgemeinschaften.

In der Vergangenheit häufig unterschätzt wurde das gestalterische Potential der Tiere, die als Pflanzenfresser die Vegetation ganz maßgeblich beeinflussten. Jeder kennt die Hiobsbotschaften aus der Presse, wenn Eichenspanner oder Maikäfer ganze Wälder kahl fressen. Wir materiell denkenden Menschen empfinden dies als Katastrophe; für die Artenvielfalt sind derartige Ereignisse

Kyrill, ein Orkan, der am 18. Januar 2007 über weite Teile Europas hinwegtobte, hinterließ auch im Kreis Höxter eine Schneise der Verwüstung.

An altehrwürdige Kathedralen erinnern die Buchenhallenwälder des Weserberglandes.

Die ertragreichen Böden in klimatisch begünstigter Lage werden schon seit vielen Jahrtausenden ackerbaulich genutzt. Typische Feldfrucht ist die anspruchsvolle Zuckerrübe.

dagegen förderlich, denn im ansonsten dunklen Wald gelangt nach Kahlfraß mehr Licht auf den Boden, welches das Aufkommen einer üppigen Krautschicht ermöglicht. Aber auch der Baumbestand selbst profitiert von den angeblichen Kalamitäten, denn der zuvor durch den Schatten der Mutterbäume unterdrückte Jungwuchs kann nun seine Chance nutzen und die Verjüngung des Waldes einleiten.

Mitteleuropa war nicht gänzlich mit Wäldern bedeckt

Ähnlich verhält es sich mit den Pflanzenfressern unter den Säugetieren: Die Forstwirtschaft legt Wert auf niedrige Wildbestände, um den Verbiss von Waldbäumen gering zu halten. Verkannt wird dabei, dass in der Naturlandschaft die großen Weidegänger, die damals mit Tarpan, Auerochs, Wisent oder Elch wesentlich artenreicher als heute vertreten waren, dafür gesorgt haben, dass Mitteleuropa nicht gänzlich von dichten Wäldern bedeckt war.

Zusammen mit den verschiedenen Getreidearten gelangten auch zahlreiche Ackerwildkräuter aus Vorderasien nach Mitteleuropa. Als echte Augenweide präsentieren sich vor allem die blumenbunten „Mohn"-Äcker.

Als wildlebendes Tier ist der Wisent seit dem 17. Jahrhundert in Mitteleuropa ausgestorben. In die Egge ist dieses Wildrind als Gehegetier im 20. Jahrhundert zurückgekehrt. Dort kann es im Wisentgehege Hardehausen in weitgehend natürlicher Umgebung bewundert werden.

Die großen Weidegänger haben maßgeblich dafür gesorgt, dass nach der letzten Eiszeit eine vielfältig strukturierte Landschaft entstanden ist, die neben geschlossenen Wäldern durch offene und halboffene Lebensräume gekennzeichnet war. Dort haben bereits vor Auflichtung und Rodung der Wälder durch den Menschen Tier- und Pflanzenarten des Offenlandes, der Säume und Waldmäntel geeignete Lebensräume vorgefunden. Den großen Pflanzenfressern, zu denen auch der Biber zählt, kam in der Naturlandschaft eine wichtige Schlüsselrolle als Landschaftsgestalter zu!

Die großen Weidegänger haben eine vielfältig strukturierte Landschaft geschaffen

Nun leben wir heute nicht mehr in einer Natur-, sondern in einer Kulturlandschaft. Seit mehreren Jahrtausenden gestaltet der Mensch seine Umwelt nach seinen Bedürfnissen. Aber nicht nur das - er zeigt sich häufig auch wenig tolerant gegenüber seinen Mitlebewesen: Alle Arten, die er als Nahrungskonkurrenten betrachtet, oder die sonstige materielle Schäden verursachen können, wurden in der Vergangenheit häufig bis zur Ausrottung verfolgt. An dieser

Halboffene Weidelandschaft. Fließende Übergänge zwischen den Nutzungen und somit auch zwischen den Lebensräumen kennzeichneten sowohl die Natur- als auch die traditionelle Kulturlandschaft.

Der Auerochse oder Ur ist im Gegensatz zum Wisent völlig ausgerottet worden. Als Heckrind, einer den Gebrüdern Heck gelungenen Rückzüchtung des Aucherochsen, kehrte dieses Robustrind in viele Landschaften Mitteleuropas zurück, um dort die ökologische Funktion des Auerochsens als Landschaftsgestalter zu übernehmen.

Leistungsfähige Schlepper und Erntemaschinen erlauben heute die großflächige Bewirtschaftung der Äcker. Die kleinteilige Kulturlandschaft kam dabei häufig „unter die Räder“.

Zum „Kanal“ ausgebauter Abschnitt der Diemel bei Germete

Naturnaher Abschnitt der Diemel am Schlachberg bei Haueda

Einstellung hat sich, obwohl wir in einer Überflussgesellschaft leben, bis heute nicht allzu viel geändert.

War der direkte Einfluss des jagenden und sammelnden Menschen auf Natur und Landschaft in der letzten Eiszeit und den ersten Jahrtausenden nach ihrem Ende noch gering, änderte sich das schlagartig mit der Aufgabe des Nomadentums und dem Übergang zu Ackerbau und Viehzucht vor etwa 7.500 Jahren. Spätestens jetzt erfolgte die Umgestaltung der Natur- zur Kulturlandschaft. Die ehemals von mehr oder weniger ausgedehnten Wäldern dominierte mitteleuropäische Landschaft wurde immer weiter geöffnet und die weitläufigen, steppenähnlichen Agrarlandschaften entstanden.

Wir leben in einer Kultur-, nicht in einer Naturlandschaft

Die Äcker boten neuen Arten Lebensraum, viele Ackerwildkräuter gelangten mit dem Getreide nach Mitteleuropa. Die wilden Weidetiere wurden durch Haustiere ersetzt, die, da sie zunächst nicht nur auf den Weiden und Hutungen, sondern auch im Wald weideten, deren Funktionen übernahmen. Da zwischen Wald und Weide nutzungstechnisch nicht unterschieden wurde, existierten keine scharfen Grenzen zwischen Offenland und Wald. Auch Acker- und Grünland waren nicht scharf getrennt: Im Rahmen der Dreifelderwirtschaft folgte auf zwei Jahre Ackerbau eine Brachezeit zur Regeneration der Bodenfruchtbarkeit. Die Brache wurde in die Weidenutzung einbezogen. Selbst das Grünland wurde im Rahmen der so genannten „wilden Feld-Gras-Wechselwirtschaft“ immer wieder zu Acker umgebrochen um ein bis wenige Jahre lang Feldfrüchte anzubauen.

Für Dynamik sorgten auch die zahlreichen bäuerlichen Abgrabungen (Mergel-, Sand- oder Tonkuhlen), die schnell von Pionieren aus der Tier- und Pflanzenwelt besiedelt wurden.

Die Industrialisierung und Technisierung sowie der Übergang zur modernen Landwirtschaft führten seit dem 19. Jahrhundert zur Entflechtung der landwirtschaftlichen Nutzungen, d.h. Wald wurde zu rein forstlich genutztem Wald, Grünland zu dauerhaft nur als Wiese oder Weide genutztem Grünland und Acker zu nur ackerbaulich genutztem Ackerland. Zahlreiche dynamische Prozesse wurden so unterbunden. Parallel zu dieser Entwicklung wurden die vom Wasser ständig umgestalteten Flüsse und Bäche sowie ihre Auen in enge Korsetts gelegt, so dass auch dort die natürliche Dynamik weitgehend zum Erliegen kam.

Seit Mitte des 20. Jahrhunderts schreiten die durch den Menschen verursachten Veränderungen immer schneller voran - die traditionellen, kleinteiligen Kulturlandschaften wurden in moderne, maschinengerechte Agrarlandschaften umgeformt, die selbst den meisten „Kulturfolgern“ keine Möglichkeit zum Überleben mehr bieten.

Auch vor dem Kreis Höxter hat diese Entwicklung nicht halt gemacht. Allerdings haben sich hier außerhalb der landwirtschaftlichen Gunstgebiete überall Reste der Naturlandschaft und der historischen Kulturlandschaft mit einer breiten Palette an Lebensgemeinschaften und Arten erhalten, die man, wenn man sie sucht, leicht findet.
Der vorliegende Bildband hat sich zur Aufgabe gemacht, die verborgenen Schätze des Kreises Höxter zu heben und sie einer breiteren Öffentlichkeit bekannt zu machen.

Blick vom Köterberg auf die von kleinen Wäldchen und Feldgehölzen gegliederte Steinheimer Börde

Durch den Abbau von Kalkgesteinen geschaffener Aufschluss des Muschelkalks im NSG „Baumerstal" bei Vinsebeck

Die Wurzeln der Vielfalt reichen ins Erdmittelalter

Der Kreis Höxter ist weithin bekannt für seine artenreiche Flora. Dies liegt zum einen daran, dass im oberen Weserbergland Arten des östlichen, westlichen sowie südlichen Florenelementes ihre jeweiligen Verbreitungsgrenzen erreichen, zum anderen ist maßgeblich der Muschelkalk dafür verantwortlich, das Ausgangsgestein, welches weite Bereiche des Kreises dominiert. Als Verwitterungsprodukt entstehen basenreiche Böden, z.B. flachgründige Rendzinen oder tiefer entwickelte basenreiche Braunerden, die wiederum die Grundlage für besonders artenreiche Pflanzengesellschaften darstellen.

Beim Muschelkalk handelt es sich um die Sedimente subtropischer Meere, die im Zeitraum von 245 bis 228 Mio. Jahren vor heute das Germanische Becken überfluteten. Der Untere Muschelkalk ist durch Kalksteine gekennzeichnet, die typische Merkmale eines bewegten Flachmeeres, wie Wellenfurchen, Schrumpfungsrisse oder ergiebige Ablagerungen von Muscheln und Armfüßern aufweisen. Die Gesteine des Mittleren Muschelkalk wurden unter heißen, trockenen Klimabedingungen in einem Binnenmeer abgelagert. Die hohe Verdunstung führte zur Ablagerung von Steinsalzen und Gips.

In den Steinbrüchen zeugen Fossilien von der marinen Vergangenheit unserer Landschaft

Gipslager finden sich auch im Kreis Höxter. Dort, wo Grundwasser bis zu den Gipslagern vorgedrungen ist, wurden sie ausgelaugt. Sind die Deckschichten eingebrochen, führte dies zur Ausbildung von Erdfällen, wie sie z.B. im Bereich der Brakeler Muschelkalkschwelle oder der Egge anzutreffen sind.

Der Obere Muschelkalk wurde dagegen unter Meeresbedingungen abgelagert. Zu dieser Zeit bedeckte wieder ein Flachmeer das Germanische Becken. Es war durch eine reiche marine Fauna gekennzeichnet. Der Obere Muschelkalk weist eine deutliche Gliederung in einen 10 - 15 m mächtigen, sehr harten, blaugrauen, reichlich fossilführenden Kalkstein, den so genannten Trochitenkalk, und eine meist 40 m mächtige Serie von plattigen Kalksteinen und Tonmergelgesteinen, den so genannten Ceratiten-Schichten auf. Typisch sind auch große Anreicherungen von Muschelschalentrümmern (Schillkalke) und Muschelpflaster, bei denen die Schalen dicht gedrängt liegen. Sie gaben dem Muschelkalk seinen Namen.

Ältere Gesteinsschichten der Trias (vgl. S. 21) sind im Kreis Höxter im größeren Umfang nur im Bereich des Eggegebirges anzutreffen. Es handelt sich um den basenarmen, sauren Buntsandstein, der zum überwiegenden Teil unter festländischen, wüstenhaften Bedingungen vor 250 bis 245 Mio. Jahren abgelagert wurde. Allerdings leitet der Obere Buntsandstein zu den großflächigen Überflutungen des Muschelkalk-Zeitalters über: Die Gesteine des Röt wurden bereits unter marinen Bedingungen abgelagert. Die einförmigen Tonsteinserien enthalten in den unteren Schichten salinare Bildungen, teils tritt außer Gips und Anhydrit auch Steinsalz auf. Großflächig ist der Buntsandstein östlich der Weser anzutreffen, er bildet dort den geologischen Untergrund des Sollings.

Natürliche Muschelkalkfelsen im NSG „Schwiemelkopf“ im Diemeltal

Neben dem Muschelkalk sind im Kreis Höxter großflächig Formationen des Keupers vertreten. Es handelt sich um die jüngsten, im Wechsel festländischen und marinen Ablagerungen der Trias (vor 228 bis 200 Mio. Jahren). Flüsse füllten das sich verflachende

Muschelkalkmeer auf. Es bildeten sich ausgedehnte Sumpflandschaften mit großen Schachtelhalmbeständen (Schilfsandstein). Der üppige Pflanzenwuchs im warmen Klima der Keuperzeit machte sogar die Bildung von Kohlevorkommen möglich. Es handelt sich um die tonig-verunreinigten Kohlenflözchen des Lettenkohlenkeupers.

Blocksteinhalden aus Sandstein in den Buchenwäldern der südlichen Egge

Zum Ende dieses Erdzeitalters senkte sich im Oberen Keuper (Rhätium) das Germanische Becken allmählich wieder ab und wurde mit Beginn des Jura erneut vom Meer überflutet, in dem sich unter anderem Schwimmsaurier tummelten. Eines dieser bizarren Lebewesen, der Plesiosaurus „Toni", wurde 2007 in einer Tongrube (deshalb der Name „Toni") bei Sommersell gefunden. Es handelte sich um einen wirklich spektakulären Fund, denn bisher wurde in Norddeutschland noch nie ein vollständig erhaltenes Skelett eines Schwimmsauriers gefunden. Ganz vollständig war Toni allerdings nicht, ihm fehlt der Kopf, der trotz intensiver Nachsuche nicht gefunden werden konnte. Zur Zeit des Keupers herrschte warmes, zunehmend trockner werdendes Klima.

Gesteine aus dem Jura stehen im Weserbergland nur im Norden großflächig an. Das jüngste Zeitalter des Erdmittelalters, die Kreide, ist im Weserbergland mit dem so genannten Osning-Sandstein im Bereich der Egge vertreten und dominiert darüber hinaus das westlich der Egge gelegene Münstersche Kreidebecken, wo es besonders markant im Bereich der Paderborner Hochfläche zutage tritt.

In Form beeindruckender Felsklippen tritt der Buntsandstein im Wesertal zwischen Würgassen und Bad Karlshafen zu tage.

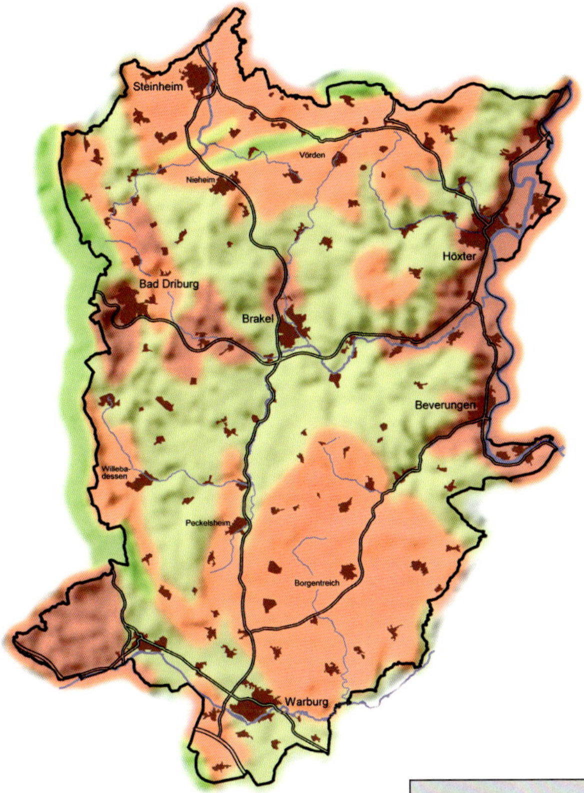

Kreide
Keuper
Muschelkalk
Buntsandstein

Plesiosaurier entstanden in der Übergangszeit zwischen Keuper und Jura. Sie sind durch einen spindelförmigen, schlanken Körper, paddelförmige Gliedmaßen, einen langen Hals und einen kleinen Kopf gekennzeichnet.

Erdzeitalter	Formation	Abteilung	Zeitabschnitt
Erdneuzeit (Kaenozoikum)	Quartär	Holozän	seit 9.500 v.Chr.
		Pleistozän	9.500 - 1,8 Mio
	Tertiär	Pliozän	1,8 - 5,3 Mio
		Miozän	5,3 - 23 Mio
		Oligozän	23 - 34 Mio
		Eozän	34 - 56 Mio
		Paläozän	56 - 65 Mio
Erdmittelalter (Mesozoikum)	Kreide	Obere Kreide	65 - 100 Mio
		Untere Kreide	100 - 145 Mio
	Jura	Malm	145 - 161 Mio
		Dogger	161 - 176 Mio
	Trias	Lias	176 - 200 Mio
		Keuper	200 - 228 Mio
		Muschelkalk	228 - 245 Mio
		Buntsandstein	245 - 251 Mio
Erdaltertum (Paleozoikum)	Perm	Zechstein	251 - 299 Mio
		Rotliegendes	
	Karbon	Oberkarbon	299 - 359 Mio
		Unterkarbon	
	Devon	Oberdevon	359 - 416 Mio
		Mitteldevon	
		Unterdevon	
	Silur		416 - 443 Mio
	Ordovizium		443 - 488 Mio
	Kambrium	Oberkambrium	488 – 542 Mio
		Mittelkambrium	
		Unterkambrium	
Proterozoikum			542 – 2.500 Mio
Archaikum			2.500 – 3.800 Mio

Monduntergang über der Egge bei Willebadessen

Wer suchet, der findet – der Naturlandschaft auf der Spur

Vom Menschen völlig unberührte Lebensräume wird man im Kreis Höxter wie überhaupt in ganz Europa nicht mehr finden. Zulange schon wird die Landschaft zwischen Egge und Weser vom Menschen besiedelt und zunächst im Rahmen der landwirtschaftlichen, später auch der gewerblichen Nutzung entsprechend den jeweiligen Bedürfnissen überformt. Andererseits ist die Siedlungsdichte mit 127 Einwohnern pro Quadratkilometer für Nordrhein-Westfalen niedrig und der Waldanteil mit über 29 % vergleichsweise hoch, so dass in den meisten Naturräumen des Kreises ohne große Mühe Relikte der Naturlandschaft oder naturnahe Lebensräume zu entdecken sind.

Quell des Lebens – Quellen und Quellbäche

Vom Menschen unbeeinflusste Quellen finden sich vor allem in den großen Waldgebieten. Besonders zahlreich sind sie beidseits des Eggekamms anzutreffen. Der Nord-Süd verlaufende Gebirgsrücken stellt den ersten markanteren Höhenzug dar, der sich den vom Atlantik heranziehenden Wolken in den Weg stellt. Die wassergesättigten Luftmassen müssen nach oben in kältere Regionen ausweichen - der Wasserdampf kondensiert und regnet ab. Die durchschnittlichen jährlichen Niederschläge erreichen im Bereich der Egge bis zu 1.300 mm! Im Vergleich dazu liegen sie in den niederschlagsärmsten Bereichen der Warburger Börde bei kaum mehr als 600 mm.

Quellen stellen kleine, aber sehr spezielle Lebensräume mit einer typischen Flora und Fauna dar. Kennzeichnend für diesen Lebensraum sind die über das ganze Jahr konstanten Lebensbedingungen. So entspricht die Wassertemperatur einer Quelle der örtlichen mittleren Jahrestemperatur der Luft - im Kreis Höxter sind dies etwa 7-8°C. Charakteristisch für eine naturbelassene Quelle sind weiterhin ein geringer Nährstoffgehalt und eine relativ niedrige Sauerstoffsättigung.

Im Muschelkalk des Oberwälder Landes und der Weserhänge ist ein ganz spezieller Quelltyp anzutreffen – die Carbonatquelle. Das Grundwasser dort ist nicht nur kalk- sondern auch kohlendioxidhaltig. Tritt das Wasser an die Oberfläche, gast das Kohlendioxid aus, ein Effekt, den jeder vom Öffnen einer Mineralwasserflasche kennt. Als Folge der Absenkung des CO2-Gehaltes fällt Calciumcarbonat als so genannter Quelltuff oder Travertin aus und kann dabei formschöne Kalksinterkaskaden ausbilden, wie hier am Escherbach bei Istrup.

Die Quellbäche und Bachoberläufe in den Laubwäldern sind für das Überleben unseres größten heimischen Schwanzlurches, dem Feuersalamander, von großer Bedeutung. Der Feuersalamander ist lebendgebärend. Im zeitigen Frühjahr setzen die Salamanderweibchen ihre Larven an strömungsberuhigten Stellen ab, wo sie sich dann in drei bis vier Monaten zum ausgewachsenen Schwanzlurch weiter entwickeln.

Leben *im Fluss* – naturnahe Fließgewässer

Gewässeroberläufe weisen in den großen Waldgebieten häufig noch naturnahe oder natürliche Abschnitte auf. Das Leben hier wird vor allem von einem Standortfaktor bestimmt – der Strömung. Das turbulent dahinströmende Wasser ist gut mit Sauerstoff versorgt, enthält aber nur wenig Nährstoffe. Die Kraft des Wassers sorgt für ständige Substratumlagerungen, die letztendlich auch zu Verlagerungen des gesamten Gewässerbettes führen können.

Charakteristisch für ein natürliches Gewässer ist der hohe Anteil an Totholz im Gewässerbett. An den Stämmen und Ästen sammelt sich Treibgut, welches zu einem zeitweiligen Aufstau des Wassers und einer Herabsetzung der Fließgeschwindigkeit führen kann. In der Folge kommt es zur Ablagerung von Feinsedimenten. Aber auch der Stromstrich kann verändert werden, das Gewässer verlagert sich seitlich, ein Mäander wird gebildet. In Bereichen höherer Strömungsgeschwindigkeit kommt es dagegen zu Ausbildung von Kolken, Steilufern oder Abbruchkanten.

Der Eisvogel legt seine Brutröhren in den Steilufern der Gewässer an, über das Wasser ragende Zweige dienen ihm als Ansitzwarte beim Fischfang.

Die Bachforelle, ein Vertreter aus der Familie der Lachsartigen, ist in den Oberläufen unserer Bäche beheimatet.

Der Aabach im NSG „Satzer Moor" bei Bad Driburg

Natürliche und naturnahe Bachoberläufe sind Lebensraum von Bachforelle, Mühlkoppe und Bachneunauge. Die Kleinlebewesen des Bachgrundes weisen charakteristische Anpassungen an die starke Strömung auf – häufig sind die Körper abgeflacht oder spindelförmig, so dass sie nur wenig Widerstand aufweisen. Andere Arten widerstehen der Strömung, indem sie sich vorübergehend oder dauerhaft anheften.

Die Gebänderte Prachtlibelle, eine unserer schönsten heimischen Libellenarten, ist am Aabach häufig anzutreffen.

Die Nethe oberhalb ihrer Mündung in die Weser

In der Weseraue bei Höxter liegen am Fuße des Ziegenberges zwei Gewässer von kreisrunder Form, die so genannten Grundlosen. Sie sind als Folge unterirdischer Auslaugungen in Gips- oder Salzstökken entstanden. Über entstandenen Höhlungen ist das Deckgestein eingebrochen. Die wassergefüllten Einsturztrichter sind im Laufe der Jahrhunderte verlandet und präsentieren sich heute als Flachgewässer mit breiten Röhrichtzonen.

Im Reich der Libellen – natürliche Stillgewässer

In den Mittelgebirgen sind Stillgewässer selten - dies gilt auch für die Landschaften zwischen Egge und Weser. In der Naturlandschaft waren sie am ehesten in den Bach- und Flussauen anzutreffen, und zwar in Form von Altwassern oder Altarmen, die aufgrund einer Verlagerung des Bach- oder Flussbettes vom Fließgewässer abgeschnitten wurden. Durch Gewässerregulierungen und der Unterbindung der Fließgewässerdynamik sind sie weitgehend verloren gegangen. So verwundert es nicht, dass die natürlichen Stillgewässer unseres Kreises an zwei Händen abzuzählen sind.

Der Vierfleck und die Blaugrüne Herbst-Mosaikjungfer (rechte Seite oben), beides Großlibellen, sind an den Grundlosen häufig anzutreffen.

Blänken wie diese im Taubenborn bei Höxter stellen einen besonderen Gewässertypus dar. Sie entstehen in den Senken der Auen und Niederungsgebiete infolge von Überschwemmungen oder ansteigenden Grundwasserständen nach starken Niederschlägen. Da sie spätestens im Hochsommer trockenfallen, erlauben sie keine kontinuierliche Besiedlung durch aquatische Lebewesen. Einige Tierarten haben sich aber auf temporäre Gewässer spezialisiert - so laicht der Grasfrosch bevorzugt in solchen Blänken ab.

Der Schwarzbach in der südlichen Egge wird von dichten Erlenbeständen gesäumt. Schwarz-Erlen weisen ebenso wie Weiden spezielle Anpassungen auf, die es ihnen ermöglichen, auch längere Überschwemmungen schadlos zu überstehen.

Wälder mit *nassen Füßen* - Auen- und Bruchwälder

Im Überschwemmungsbereich der Bäche und Flüsse wachsen natürlicherweise Auenwälder. Aufgrund der guten Nährstoffverfügbarkeit und des kleinflächigen Mosaiks unterschiedlichster Standortverhältnisse gehören Auwälder zu den artenreichsten Lebensräumen in Europa. Da die Flussauen mit ihren fruchtbaren Böden ideale landwirtschaftliche Nutzflächen darstellen, sind Auwälder in Mitteleuropa so gut wie verschwunden. Auch im Kreis Höxter sind sie nur noch kleinflächig an den Oberläufen der Gewässer anzutreffen. Besonders schöne Bestände finden sich in der südlichen und nördlichen Egge.

Auf staunassen Böden, die vor allem im Steinheimer Becken und in der Warburger Börde anzutreffen sind, wuchsen ursprünglich Sumpf- oder Bruchwälder. Hier dominiert auf den ganzjährig wassergesättigten und nahezu sauerstofffreien Böden die Schwarz-Erle, die ihre Wurzeln über Atemöffnungen im Stamm mit Sauerstoff versorgt. Im Gegensatz zu den Auwäldern werden Bruchwälder kaum mit anorganischen Sedimenten wie Schlick oder Sand versorgt. Stattdessen fußt der Wald auf einer selbst erzeugten Torfschicht aus mehr oder weniger stark zersetztem Pflanzenmaterial. Erlenbruchwälder sind im Kreis noch seltener anzutreffen als Auenwälder – Relikte finden sich im Bruch bei Rösebeck und im Taubenborn bei Höxter.

Der Unterwuchs der Erlenbruchwälder ist seggenreich. Im Frühjahr locken die gelben Blüten der Sumpfdotterblumen erste Insekten an. Im Sommer bereichern Arten wie Bittersüßer Nachtschatten, Wasserdost, Gilb- und Blutweiderich oder Zungen-Hahnenfuß das Blütenangebot.

Der Schwarzstorch bevorzugt störungsfreie Wälder als Bruthabitat. Im Schwarzbachtal findet er ein reichhaltiges Nahrungsangebot.

Blühaspekt der Sumpfdotterblume im Bruchwald bei Ottenhausen

Buchenwälder dominieren natürlicherweise die Waldlandschaften Mitteleuropas.

Buchen sollst Du suchen! – Buchenwälder als Naturerbe

Buchenwälder sind einzigartig und kommen weltweit nur in Europa vor. Mitteleuropa und somit auch der Kreis Höxter liegen im Zentrum ihres Verbreitungsgebietes. Mit einem Anteil von 42 % am Waldbestand weist der Kreis den höchsten Buchenwaldanteil in NRW auf.

Die Buche ist unter den hiesigen Klimaverhältnissenen konkurrenzstark und auf Normalstandorten allen anderen heimischen Baumar-

Lichtfleck im Buchenwald

ten überlegen. Da die Buche als Schattbaumart nur wenig Licht ins Waldesinnere fallen lässt, wird die Konkurrenz ausgedunkelt und unterdrückt. Der eigene Jungwuchs kommt dagegen mit den geringen Lichtverhältnissen zurecht und wartet über Jahrzehnte auf seine Chance. Stürzt ein Altbaum oder wird er gefällt, nutzen die Jungbäume die Gelegenheit – in einem rasanten Wettlauf ums Licht schließen sie schnell die entstandenen Lücken im Kronendach.

Natürliche und naturnahe Wälder unterscheiden sich von den heute dominierenden Wirtschaftswäldern vor allem durch ein reichhaltiges Angebot an Tot- und Altholz. Zahlreiche Tier- und Pilzarten sind auf großvolumiges Totholz als Lebensraum angewiesen.

Holzzersetzende Pilze sorgen zusammen mit Mikroorganismen und totholzbewohnenden Insekten für die zügige Aufarbeitung des organischen Materials. Die im Totholz enthaltenen Nährstoffe werden so dem Wald wieder zur Verfügung gestellt.

Die Larven den Balkenschröters entwickeln sich im morschen Holz umgestürzter Bäume.

Zu den Charakterarten des Buchenwaldes gehört der Kleiber. Seinen Name erhielt er aufgrund seiner Angewohnheit, zu große Eingänge zur Bruthöhle zum Schutz vor Feinden auf das gerade notwendige Maß „zuzukleben" (Kleber = Kleiber).

Ein gestürzter Baum schafft Platz für neues Leben.

Eine neue Baumgeneration wächst heran.

Altholzreiche Buchenwälder sind der Lebensraum von Bunt- und Schwarzspecht.

Kalkbuchenwald im Frühjahr mit üppiger Krautschicht

Buchenwälder auf Kalk

Die Wuchsbedingungen werden im Kreis Höxter großflächig durch den Muschelkalk bestimmt. Dementsprechend häufig sind hier Kalkbuchenwälder anzutreffen. Diese Buchenwaldformationen auf basenreichem Ausgangsgestein sind im Gegensatz zu den Buchenwäldern auf sauren, basenarmen Böden durch eine artenreiche Krautschicht gekennzeichnet. Da die niedrigwüchsigen Kräuter auch hier nur bei hinreichendem Lichtgenuss gedeihen können, haben sie eine besondere Strategie entwickelt, wie sie die lichtarme Zeit im Sommer, wenn das Laubdach dicht geschlossen ist, umgehen: Sie treiben bereits im zeitigen Frühjahr aus, blühen und fruchten, solange hinreichend Licht auf den Boden fällt. Wenn sich die Buchen belauben, haben diese Pflanzen ihren Entwicklungszyklus bereits weitgehend abgeschlossen.

Ein Fest für alle Sinne - Frühling im Buchenwald

Märzenbecher

Leberblümchen und Busch-Windröschen

Hohe Schlüsselblume

Türkenbund-Lilie

Bären-Lauch

Orchideenbuchenwald im NSG „Prinzessinnenklippen" - Aufgrund geringer oder fehlender Nutzung sind Trockenwälder meist reich an Totholz. Bäume unterschiedlichen Alters und unterschiedlicher Stärke, Strauchreichtum, eine meist artenreiche Krautschicht und kleine Lichtungen bewirken den Reichtum an für die Tierwelt bedeutsamen Habitaten.

Orchideenbuchenwälder

Auf Standorten mit schlechter Wasserversorgung und hoher Sonneneinstrahlung - dies sind bei uns in der Regel süd- bis westexponierte flachgründige Hänge, wie sie z.B. an den Hängen des Wesertales anzutreffen sind - ist die Wuchskraft der Buche deutlich eingeschränkt. Die Buchen ragen hier nicht mehr hoch in den Himmel, sondern weisen häufig Krüppelwuchs und ein schütteres Kronendach auf. Dort können andere, lichtliebende Bäume mit der Buche konkurrieren und treten zu für Mitteleuropa ungewöhnlich artenreichen Gehölzbeständen zusammen. Neben der Rotbuche wachsen hier Trauben- und Stiel-Eiche, Elsbeere, Feld-Ahorn, Hainbuche, Eibe und Winter-Linde.

Die lückige Baumschicht lässt viel Licht ins Bestandesinnere dringen - dies ermöglicht das Gedeihen weiterer Gehölze in einer Strauchschicht. Häufig anzutreffen sind Zweigriffeliger Weißdorn, Gewöhnliches Pfaffenhütchen, Wolliger Schneeball, Seidelbast, Wacholder oder Liguster.

Als unscheinbarer Strauch im Unterwuchs des Orchideenbuchenwaldes bilden die Blüten des Seidelbastes im zeitigen Frühjahr die ersten bunten Farbtupfer.

Die Eibe ist neben dem Wacholder der einzige natürlicherweise heimische Nadelbaum im Kreis Höxter. In den Hangwäldern entlang der Weser ist sie an mehreren Wuchsorten anzutreffen.

Das Leberblümchen gehört zu den Frühblühern und streckt seine Blüten schon im März der Sonne entgegen.

Blütenstand der Nesselblättrigen Glockenblume

Die guten Lichtverhältnisse am Boden ermöglichen das Vorkommen einer ganzen Reihe wärmeliebender Arten im Kreis Höxter, deren Heimat sich eigentlich weiter im Süden befindet. Besonderes Interesse erwecken bei vielen Pflanzenfreunden die vielen Waldorchideen, die dem Orchideen-Buchenwald auch seinen Namen verliehen haben. Mehr als in anderen Wäldern kommen im Orchideen-Buchenwald auch Pflanzen mit auffälligen Blüten vor, so z.B. die Gewöhnliche Akelei, die Nesselblättrige Glockenblume oder der Blaurote Steinsame. Zahlreiche dieser Arten erreichen im Weserbergland die Nordgrenze ihrer Verbreitung.

Nächste Doppelseite: Ende Mai bedecken die dunkelblauen Blüten des Blauroten Steinsamen den Waldboden unter dem schütteren Kronendach des Buchen- und des Eichen- und Hainbuchen-Waldes.

Unsere größte heimische Orchidee, der Frauenschuh, ist an mehreren Stellen in den wärmegetönten Buchenwäldern entlang der Weser und Diemel anzutreffen.

Hainsimsen-Buchenwald in der Egge bei Willebadessen

Buchenwälder auf Sandstein

Auf den bodensauren, nährstoffarmen Böden auf den Sandsteinen der Egge und des Solling wächst die artenärmste heimische Buchenwaldgesellschaft, der Hainsimsen-Buchenwald. Die starke Beschattung durch die Buche und die mangelnde Nährstoffverfügbarkeit wirken sich stark hemmend auf das Wachstum der Pflanzen aus. Die Krautschicht ist nur spärlich entwickelt, eine Strauchschicht fehlt im typischen Falle vollständig. Kraut- und Strauchschicht sind meist nur dann gut entwickelt, wenn durch Windbruch oder zusammenbrechende Altbäume Licht auf den Waldboden dringt.

Die Buchenwälder des Kreises sind Heimat zahlreicher Tierarten. Der größten noch lebenden Wildtierart, dem Rothirsch, bieten die ausgedehnten Waldgebiete der Egge einen geeigneten Lebensraum. Hier ist auch unsere seltenste Wildtierart, die Wildkatze, heimisch. Ihr bieten die zahlreichen Blockhalden entlang des Eggekamms ideale Versteckmöglichkeiten.

Farne und Moose bestimmen aufgrund der hohen Niederschläge in weiten Bereichen das Erscheinungsbild des Buchenwaldes im Bereich des Eggekamms.

Auch verschiedene Bärlapparten, wie der des Sprossenden Bärlapp, fühlen sich hier wohl.

Der Rothirsch ist in der Egge beheimatet.

Zu den wenigen Blütenpflanzen des Hainsimsen-Buchenwaldes zählt der Sauerklee.

Blockhalden im Bereich des Eggekamms

Buchenwald im Herbst und im Winter

Die Wildkatze ist
seit einigen
Jahren wieder im
Kreis Höxter
heimisch.

Die Externsteine bei Horn-Bad Meinberg im Kreis Lippe stellen die markanteste Felsformation der Egge dar. Sie bestehen aus Sandsteinen, die vor ca. 120 Mio. Jahren in der Unteren Kreidezeit am Rand eines urzeitlichen Meeres gebildet wurden.

Steinerne Zinnen im grünen Wald - natürliche Felsen

In der Egge und an den Steilhängen beidseits von Weser und Diemel finden sich markante Felsformationen, aufgebaut aus Kalk- und Sandsteinen. Auf solch felsigen Standorten kann die Wasserversorgung auch im niederschlagsreichen Klima Mitteleuropas so ungünstig sein, dass Bäume und, bei noch größerer Trockenheit, auch Sträucher nicht mehr gedeihen können. Dies ist v.a. an süd- und westexponierten Standorten der Fall.
Es sind Spezialisten, denen die Besiedlung dieser Extremstandorte, die eher süd- als mitteleuropäischen Standorten ähneln, vorbehalten ist. Die dem angrenzenden Wald vorgelagerten natürlichen Staudensäume sind meist ausgesprochen blüten- und strukturreich und von besonderer Bedeutung für die Tierwelt.

Blick von den Hannoverschen Klippen ins Wesertal

Hoch oberhalb der Weser befinden sich die Muschelkalkformationen der Rabenklippen am Ziegenberg bei Höxter. Unter Botanikern sind diese Felsen weit über die Landesgrenzen hinaus bekannt, da die baumfreien Feldköpfe Lebensraum für eine Reihe von Pflanzenarten bieten, die in NRW nur hier anzutreffen sind.

Die von schütteren Magerrasen bedeckten Muschelkalkfelsen am Schlachberg wurden durch die Diemel geschaffen, die sich im Verlaufe der Jahrtausende in die weichen Gesteine eingeschnitten hat.

Der Rosskümmel hat im Bereich der Rabenklippen ein vom Hauptverbreitungs-areal isoliertes Vorkommen.

Ebenfalls eine Rarität der an den Hängen des Weser-tales gelegenen Felsstandorte ist die Ästige Graslilie.

Auch der Velmerstot – hier der Lippische Velmerstot mit Gedenkstein – besteht aus Egge-Sandstein. In der Nähe gebrochene Quader fanden beim Bau des Kölner Domes und des Berliner Reichstages Verwendung.

Eine charakteristische Art der Felsgrasfluren und Felsband-Gesellschaften ist der Mauerpfeffer. In seinen fleischigen Blättern vermag er Wasser zu speichern. Dies versetzt ihn in die Lage, auch an trockensten Standorten zu gedeihen.

Wanderfalken bevorzugen Nistplätze in schwindelerregender Höhe, die sie in der Naturlandschaft im Bereich von Felsformationen vorfinden. Im Kreis Höxter waren sie über viele Jahrzehnte ausgestorben, sind in den letzten Jahren aber wieder zurückgekehrt.

Der Wandelnsberg bei Beverungen. Der Übergang vom beweideten Wald hin zum Offenland ist fließend - ein heute nur noch selten anzutreffendes Landschaftsbild.

Die Vielfalt der bäuerlichen Kulturlandschaft

Über Jahrtausende wurde zwischen land- und forstwirtschaftlicher Nutzung nicht unterschieden. Landwirtschaft fand sowohl im Wald als auch im Offenland statt. Auf den Äckern wurden Feldfrüchte angebaut – sie wurden aber auch beweidet, z.B. um ausgefallenes Getreide nach der Ernte (Stoppelweide) oder den Aufwuchs auf den Brachäckern als Viehfutter zu nutzen. Während die Äcker meist dorfnah auf den guten Böden lagen, befanden sich die Viehweiden auf den schlechteren Böden und in den entlegenen Bereichen der Gemarkung. Ebenfalls als Viehweide dienten die Wälder. Der Wald hatte darüber hinaus noch zahlreiche weitere Funktionen für die Landbevölkerung - er diente als Bienenweide, als Brennholzquelle, das Laub der Bäume wurde als Futter oder als Einstreu genutzt und die Früchte von Buche und Eiche dienten der Ausmast der Schweine.

Kleinteilige Kulturlandschaft bei Brakel

Märzenbecher auf Extensivweide bei Schmechten

So wie eine saubere Trennung in land- und forstwirtschaftliche Nutzungen nicht möglich war, waren auch die Übergänge vom Offenland zum Wald fließend - scharfe Nutzungsgrenzen, wie sie heute allgegenwärtig sind, waren der historischen Kulturlandschaft fremd.

Vielfältige Kulturlandschaften, wie sie für die erste Hälfte des 20. Jahrhunderts charakteristisch waren, sind im Kreis Höxter noch allgegenwärtig.

Von Hecken, Feldgehölzen und kleinen Wäldern gut strukturierte Agrarlandschaften sind der bevorzugte Lebensraum des Rotmilans. Mit ca. 90 Brutpaaren beheimatet der Kreis Höxter fast ein Viertel des Gesamtbestandes dieser Vogelart in NRW.

Hohenbreden

Von Grünland und Wäldern umgeben: Sandebeck im östlichen Eggevorland

Blick von der Drenker Viehweide über Drenke ins Wesertal

In den landwirtschaftlichen Gunstlagen ist die Landschaft heute den Erfordernissen moderner Produktionstechniken umgestaltet worden. Relikte der Natur- und traditionellen Kulturlandschaft, wie hier (unten) das extensiv genutzte und von Hecken und Gebüschen untergliederte Grünland im Ösetal bei Dringenberg, sind häufig verloren gegangen.

Symbole einer neuen Zeit - Windkraftanlagen in der Warburger Börde

Eine echte Rarität unter den heimischen Orchideen ist das Dreizähnige Knabenkraut. Das Vorkommen dieser Art ist in Deutschland auf wenige Regionen beschränkt. Ein Verbreitungsschwerpunkt findet sich im Dreiländereck Ostwestfalen - Südniedersachsen - Hessen.

Von der Sonne verwöhnt – im Reich der Enziane und Orchideen

Einst waren sie im Kreis Höxter weit verbreitet und ein wichtiger Bestandteil der bäuerlichen Landnutzungssysteme - die kargen Schaftriften und Wacholderheiden. Soweit sie sich im Bereich des Muschelkalks befinden, handelt es sich um die Kalkmagerrasen oder Kalk-Halbtrockenrasen, die zu den artenreichsten Lebensräumen in Mitteleuropa gehören und somit für den Erhalt der Biodiversität vor Ort von entscheidender Bedeutung sind. Dutzende von farbenprächtigen Schmetterlingsarten nutzen das üppige Blütenangebot als Nahrungsquelle, Wildbienen finden in den lückigen Rasen geeignete Stellen für die Anlage ihrer unterirdischen Niströhren, plattige Gesteine dienen Zauneidechse und Schlingnatter als Sonnenplatz und als sicheres Versteck. Vielen Naturfreunden ist dieser Lebensraum aber vor allem wegen der üppigen Vorkommen von Enzianen und Orchideen ans Herz gewachsen.

Blick vom Stockberg ins Nethetal bei Ottbergen

Wacholderheide am Weldaer Berg. Im Hintergrund Warburg und das Wahrzeichen der Börde - der Desenberg.

Orchideen wie die Mücken-Händelwurz (oben rechts) oder Fliegen-Ragwurz gehören zu den Charakterarten der schafbeweideten Kalk-Halbtrockenrasen.

Die Weiße Braunelle ist in ganz Nordrhein-Westfalen ausschließlich im Kreis Höxter anzutreffen.

Felsbänder und extrem flachgründige Standorte können nur von trockenheitsertragenden Spezialisten, wie dem Mauerpfeffer mit seinen wasserspeichernden Blättern, besiedelt werden.

Der Fransen-Enzian ist nur eine von insgesamt drei Enzianarten auf den Kalk-Halbtrockenrasen zwischen Egge und Weser.

Die zierlichen Blütenstände des stark gefährdeten Katzenpfötchens fallen erst dann auf, wenn eine größere Zahl von Pflanzen polsterartig dicht nebeneinander wächst.

Ziegen sind heute zu wichtigen Partnern in der Landschaftspflege geworden - und zwar dann, wenn es darum geht, den Gehölzbewuchs auf den Kalkmagerrasen wie hier am Schnegelberg hoch über Dalhausen in Schach zu halten.

Die Kalk-Halbtrockenrasen und Wacholderheiden verdanken ihre Existenz dem Menschen und seinem Weidevieh. Ursprünglich waren die sonnendurchfluteten Triften Wuchsorte von Kalk-Buchenwäldern. Durch jahrhundertelange Beweidung mit Haustieren und den Verbiss des Baumjungwuchses wurden die Baumbestände immer weiter aufgelichtet, so dass zunächst lichte Hudewälder, später dann z.T. völlig gehölzfreie Triften entstanden.

Kalk-Halbtrockenrasen im Bereich einer Gesteinsabgrabung auf dem Heinberg bei Ossendorf

Blüte des seltenen Nadelröschens, eines Zwergstrauches, der nur wenige Zentimeter hoch wird. Im Kreis Höxter weist das wärmeliebende Nadelröschen einen seiner nördlichsten Fundpunkte auf.

Die Stacheln der Golddistel schützen ebenso wie die spitzen Nadeln des Wacholders vor Verbiss.

Viele Pflanzen wissen sich allerdings vor dem Maul der Weidetiere zu schützen - sei es durch Stacheln, Dornen, niedrigen Wuchs oder durch die Produktion von Bitterstoffen. Sie werden von Schaf, Ziege oder Rind weitgehend gemieden und dominieren somit in den Vegetationsbeständen.

Im Schutz von Gehölzen und auf den weniger intensiv beweideten Flächen finden sich die Pflanzen, die dem Verbiss ansonsten mehr oder weniger schutzlos ausgeliefert sind. Für Acker-Wachtelweizen oder Bienen-Ragwurz stellen solche Säume einen geeigneten Lebensraum dar.

Zahlreiche Pflanzenarten der Magerrasen erfreuen sich großer Beliebtheit als Würzmittel in der Küche, so z.B. der hier abgebildete Thymian oder aber Majoran und Pimpinelle. Sie sind es auch, die den Magerrasen mit ihren aromatischen Gerüchen das unverkennbare Flair mediterraner Landschaften verleihen.

Weit häufiger als Ziegen werden Schafe auf den schwach wüchsigen Hutungen als Weidetiere eingesetzt.

Der Kreuz-Enzian enthält Bitterstoffe und ist so vor Verbiss weitgehend geschützt.

Unser größter und schönster heimischer Schmetterling ist der Schwalbenschwanz, der aber nicht nur auf den Magerrasen, sondern auch auf trockenwarmen Wiesen anzutreffen ist.

Die zu den Nachtfaltern gehörenden Widderchen, im Volksmund „Blutströpfchen“ genannt, lassen sich im Sommer auf blau blühenden Korbblütlern oder Kardengewächsen beobachten.

Bläulinge sind auf den Magerrasen mit zahlreichen Arten anzutreffen. Eine echte Rarität stellt der Kreuzenzian-Bläuling dar. Er legt seine Eier ausschließlich am Kreuz-Enzian ab. Die schlüpfenden Räupchen verbringen nur wenige Tage auf der Futterpflanze, dann lassen sie sich zu Boden fallen und von Ameisen in deren Bau tragen, wo sie zusammen mit der Ameisenbrut durchgefüttert werden. Im Juni des nächsten Jahres schlüpfen die Falter und verlassen den Ameisenbau um den Fortpflanzungszyklus mit der Paarung und Eiablage zu beenden.

Die Zauneidechse, hier ein Männchen im leuchtend grünen Hochzeitskleid, ist ein echter „Sonnenanbeter". Sie ist im Frühjahr und Herbst an exponierten Stellen wie plattigen Steinen beim „Sonnenbaden" anzutreffen.

Die Kalktriften bei Willebadessen - die Wiedergeburt einer historischen Kulturlandschaft

Ende der 80er Jahre waren die ausgedehnten Hutungen bei Willebadessen weitgehend verschwunden. Sie hatten sich als Folge der Aufgabe der Ziegenhaltung wiederbewaldet oder waren aufgeforstet worden. Die artenreichen Schmetterlingsvorkommen, für die die Kalktriften einst weit über die Region hinaus bekannt waren, standen kurz vor dem Erlöschen.
In enger Zusammenarbeit der Stadt Willebadessen, der Bezirksregierung Detmold, des Kreises Höxter und der Landschaftsstation in Borgentreich konnte mit finanzieller Unterstützung der Nordrhein-Westfalen Stiftung die „alte“ Kulturlandschaft wiederbelebt werden. Heute weiden hier nach traditionellem Vorbild Schafe auf ausgedehnten Hutungen und tragen so zum Erhalt der Artenvielfalt bei.

Herbstliche und winterliche Impressionen von den Magerrasen im Kreis Höxter

Blühende Heide am Lippischen Velmerstot. Mit 468 m Höhe stellt er den höchsten und zugleich nördlichsten Berg der Egge dar.

Wo die Heide blüht ... – Hochheiden

Auf den nährstoffarmen sauren Böden der Egge erfreuen im Spätsommer und Herbst die violetten Blütenstände der Besenheide das Herz des Wanderers. Ehemals auf den Höhenzügen der Egge weit verbreitet, finden sich heute nur noch einige wenige Reste, z.B. im Bereich des Velmerstot. Entstanden sind die Hochheiden durch Abholzung der Buchenwälder im Mittelalter – unter anderem zur Holzkohlegewinnung für die heimische Glasindustrie – und die anschließende jahrhundertelange Beweidung mit Haustieren, die das Aufwachsen junger Bäume verhinderte.
Ende des 19., Anfang des 20. Jahrhunderts wurden die stark degradierten Böden, die aufgrund der zahlreichen Modernisierungen in den Landwirtschaft für die Weidewirtschaft nicht mehr benötigt wurden, großflächig aufgeforstet. Da die Wiederbewaldung nur mit der anspruchslosen Fichte möglich war, dominieren in der Egge noch heute die Fichtenforste.

Der 2004 errichtete Eggeturm auf dem Preußischen Velmerstot (441 m ü. NN). Im Vordergrund blühende Besenheide.

„Bierbaums Nagel" bei Borlinghausen. Der Bankier Julius Bierbaum ließ den Aussichtsturm 1849 als Geschenk für seine Ehefrau errichten, die aus Kassel stammte und unter Heimweh litt. Bei klarem Wetter konnte sie von dort aus den Herkules, das Wahrzeichen ihrer Geburtsstadt, sehen.

Von Fichten bedrängte Hochheide nahe Bierbaums Nagel

Hochheide auf dem Lippischen Velmerstot im winterlichen Kleid

Auf den weitläufigen Viehweiden bei Willebadessen locken Malven mit ihren weithin sichtbaren Blüten Insekten als Bestäuber an.

Blumen bestimmen das Bild – Wiesen und Weiden, Streuobst

Wie Kalkmagerrasen und Heiden sind auch die Wiesen und Weiden in Mitteleuropa im wesentlichen ein Produkt des Menschen. Sie entstanden in ihrer heutigen Artenzusammensetzung durch die Arbeit der Bauern, Hirten und Schäfer, die dort ihr Vieh mit Nahrung versorgten. Traditionell lassen sich zwei Nutzungsformen unterscheiden: Weit verbreitet war das System der Viehweide, bei dem die Tiere, überwiegend Milchvieh, auf die Weide getrieben werden und dort das Sommerhalbjahr verbringen. Gemolken wurden die Tiere zumeist auf der Weide. Diese arbeitsintensive Nutzungsform ist heute kaum noch anzutreffen, das Milchvieh wird zunehmend in Laufställen gefüttert (häufig mit Futter vom Acker) oder hat tagsüber Auslauf auf hofnahen Weideflächen. Gemolken werden die Tiere im Stall in modernen Melkautomaten.
Von den Viehweiden unterscheidet man die Wiesen, die der Gewinnung des Winterfutters, früher in Form von Heu, heute meist als Silage, dienen.

Hoch über den Dächern von Dalhausen - die Ziegenweiden am Schnegelberg.

Im Bereich einer mageren Rinderweide bei Alhausen blühen im Mai zahlreiche Exemplare des Stattlichen und des Kleinen Knabenkrautes.

Häufig dominieren Margeriten das Blütenangebot auf den Magerweiden wie hier auf den Kalktriften bei Willebadessen.

Stacheldrahtzäune gehören heute zu jeder Viehweide. In ihrem Schutz gedeihen häufig blütenreiche Säume, die sich von der Vegetation auf der Weide deutlich unterscheiden.

Im Winter finden hier Insekten und Spinnen geeignete Überwinterungsquartiere.

Wiesen und Weiden unterscheiden sich deutlich im Aussehen sowie in der Zusammensetzung der Pflanzen- und Tierwelt.

Bis in die Mitte des 20. Jahrhunderts wurde Grünland gar nicht oder nur mäßig gedüngt - die Erträge waren im Vergleich zum heutigen Hochleistungsgrünland gering und entsprachen im Wesentlichen der natürlichen Nährstoffversorgung des Standortes. Auf wüchsigen Auenböden konnte zwei- bis dreimal im Jahr Heu gewonnen werden, auf trockenen flachgründigen Standorten war dagegen oftmals nur ein Schnitt möglich. Da die Nährstoffknappheit die Dominanz weniger, dafür aber starkwüchsiger Arten verhindert sind solche Wiesen und Weiden wesentlich artenreicher als das moderne Grünland. Aber nicht nur die Nährstoffversorgung beeinflusst die Artenzusammensetzung - das stärkere Wachstum gut nährstoffversorgten Grünlandes ermöglicht es dem Landwirt heute 3 - 5 Schnitte durchzuführen. An diese Schnittfrequenz sind die meisten Tier- und Pflanzenarten nicht angepasst und können somit nicht überleben.

Auch die Zäune und Zaunpfähle selbst stellen Kleinstlebensräume dar, wie die Jungerlen auf einem morschen Zaunpfahl oder dass am Stacheldraht aufgehängte Spinnennetz zeigen.

Die Blüten des Wiesen- Salbei sind so gebaut, dass sie nur von Hummeln bestäubt werden können.

Salbei-Glatthaferwiesen wie hier im NSG „Kalkmagerrasen bei Ossendorf“ beeindrucken durch ihren Blütenreichtum. Sie finden sich auf basenreichen Böden und werden traditionell zweimal jährlich gemäht.

Blütenreiches Magergrünland ist der Lebensraum vom Schachbrett- und Dickkopffalter und dem Hauhechelbläuling (gegenüberliegende Seite).

Im Sommer ist der Gesang des Nachtigall-Grashüpfers überall auf den trocken-warmen Wiesen und Weiden des Weserberglandes zu hören.

Düppeler Weideschweine im Echeler Bruch

Das Schwein – ein Weidetier?

Früher wurden Schweine genauso wie die anderen Haustiere auf die Weide getrieben, wo sie sich vom Aufwuchs und – als Allesfresser – auch von allerlei Kleingetier ober- und unterhalb der Erde ernährten. Wie der lange Rüssel verdeutlicht, gehört das Wühlen zu den elementaren Lebensbedürfnissen des Schweines. Heute sind „Weideschweine" in Deutschland so gut wie verschwunden. In Bellersen besteht dank der Förderung durch die NRW-Stiftung aber auch heute noch die Möglichkeit, ganzjährig im Freien gehaltene Schweine zu beobachten. Die Produkte aus dieser artgerechten Haltungsform können im Westfalen-Culinarium im benachbarten Nieheim erworben werden.

Düppeler Weideschweine - ein bunt zusammengewürfelter Haufen

Beim Höhendorf Rothe finden sich die Streuobstwiesen in geschützten Tallagen.

Eine besondere Variante des Grünlandes stellen die Streuobstwiesen oder -weiden dar, die in weiten Teilen Deutschlands ein festes Element der bäuerlichen Kulturlandschaft sind. Allerdings ist den meisten Menschen nicht bewusst, dass dieses Landschaftselement eine relativ neue Erscheinung ist: Im 19. Jahrhundert versuchten die Landesherren die Erträge der Landwirtschaft und damit die Ernährungssicherheit zu verbessern, in dem sie die Anpflanzung von Obstbäumen auf Wiesen und Weiden, ja selbst auf Äckern, und natürlich entlang von Wegen propagierten. Ein wichtiges Argument, welches die Akzeptanz fördern sollte, war die Mehrfachnutzung auf der gleichen Fläche - das Grünland dient der Tierernährung, die Bäume liefern Obst, welches auch die Grundlage für Most und diverse Schnäpse darstellt. Und zu guter Letzt kann das Holz als Brennholz genutzt werden.
Im Kreis Höxter sind noch zahlreiche Obstbaumbestände anzutreffen, fast ein Viertel der Bestände Ostwestfalens sind hier lokalisiert.

Große Streuobstwiesen umrahmen die Ortschaft Drenke bei Beverungen.

In den Niederungen der Warburger Börde finden sich z.T. noch ausgedehnte Feucht- und Nasswiesen, die Lebensraum für zahlreiche seltene Tier- und Pflanzenarten sind.

Trollblume und Wachtelkönig – die Brücher im Kreis Höxter

Die guten Böden der Warburger Börde sind hervorragende Ackerstandorte und werden heute überwiegend ackerbaulich genutzt. Ausgedehnte Wiesen und Weiden finden sich lediglich in staunassen Senken. Dass sich in diesen Senken einst Niedermoore befunden haben, wird jedem Besucher schnell bewusst, denn man bewegt sich auf „schwankendem Grund". Ursache sind die organischen Böden - ein Charakteristikum der Niedermoore. Der durch die hohen Grundwasserstände und die zeitweilige Überstauung verursachte Sauerstoffmangel verhindert in intakten Niedermooren die Zersetzung des abgestorbenen organischen Materials - im Laufe der Jahrtausende können sich mächtige Niedermoortorfe aufbauen. Im Körbecker Bruch wurden diese Torfe im 19. Jahrhundert sogar als Brennmaterial abgebaut.

Nach Rodung der hier ursprünglich wachsenden Erlenbruchwälder und Absenkung des Grundwasserspiegels als Folge umfangreicher Meliorisierungen, die im 19. und 20. Jahrhundert durchgeführt

Im Winterhalbjahr steigt der Grundwasserspiegel in den Niederungen auch heute noch stark an und überstaut das Grünland großflächig. Die wochenlange Überstauung hemmt das Pflanzenwachstum und sorgt für eine vielfältige Vegetationsstruktur.

Maulwürfe bringen es ans Licht: Die zahlreichen Gehäuse von Süßwasserschnecken belegen, dass sich im Bereich der Brücher der Börde einstmals flache Seen und Weiher befunden haben.

Artenreiche Feuchtwiese im Körbecker Bruch

wurden, hat sich das organische Material zersetzt und ist stark vererdet. Die auch heute noch feuchten bis nassen Wiesen und Weiden sind Lebensraum für zahlreiche hochgradig bedrohte Tier- und Pflanzenarten und stellen die bedeutendsten Wiesenbrütergebiete im Kreis dar.

Der Kiebitz ist im Kreis Höxter nur noch selten als Brutvogel anzutreffen. In den Brüchern kann er auf dem Durchzug dagegen in großer Stückzahl angetroffen werden.

Feuchtgrünland ist nicht nur auf die Niederungsgebiete der Warburger Börde beschränkt. Auch in den Niederungen in der Steinheimer Börde und entlang der Bäche und Flüsse hat es sich kleinflächig bis in die heutigen Tage erhalten.

Dort, wo kalkreiches Wasser an die Oberfläche tritt, können sich Kalkflachmoore entwickeln, die mineralstoffreich, aber nährstoffarm sind. Die Vegetation wird von verschiedenen Kleinseggen geprägt. Ihre Existenz verdanken sie dem Menschen, der nach Rodung der Bruchwälder den Aufwuchs in früheren Zeiten als Einstreu für das Vieh verwendet hat. Als Futter taugte das von „sauren Gräsern“ dominierte Mähgut nicht. Kalk-Quellmoore sind nicht nur im Kreis Höxter, sondern in ganz Mitteleuropa selten und sind zumeist nur kleinflächig ausgeprägt.

Ende Mai setzt das kräftige Gelb der Trollblume deutliche Akzente im ausgedehnten Niederungsgrünland.

Die Sumpfohreule macht auf dem Zug regelmäßig in den ehemaligen Niedermooren des Kreises Rast. Verletzte und in der Greifvogelpflegestation Essenthoer Mühle bei Marsberg gesund gepflegte Tiere werden deshalb von Wilfried Limpinsel, dem Leiter der Einrichtung, hier bevorzugt wieder ausgewildert.

Sumpfige Wiesen bei Ottenhausen

Abendstimmung im Echeler Bruch

Untrennbar ist das Feucht- und Nassgrünland des Kreises mit den bizarren Baumgestalten der Kopfweiden verbunden.

Winterliche Impressionen aus dem Bruch

Die größte und zugleich farbenprächtigste heimische Feldheuschrecke ist die Sumpfschrecke. Ihr Lebensraum sind die Feucht- und Nasswiesen. Im Kreis Höxter ist sie extrem selten und kommt in größerer Zahl nur in der Netheaue bei Ottbergen, Bruchhausen und Godelheim vor.

Kalkreiches Flachmoor bei Willebadessen

Orchideen, hier das Gefleckte Knabenkraut, sind in den Kalkflachmooren individuenreich anzutreffen.

Der Fieberklee ist eine alte Heilpflanze. Die Bitterstoffe der Pflanze werden zur Behandlung von Gallen- und Leberleiden eingesetzt. Weiterhin wurde die Pflanze früher als fiebersenkendes Mittel eingesetzt. Der einzige natürliche Wuchsort dieser Pflanze im Kreis findet sich in den Feuchtwiesen bei Ottenhausen.

Botanische Kostbarkeiten aus dem Sumpf: Sumpf-Stendelwurz, Schmalblättriges Wollgras, Sumpf-Herzblatt

Hochsommer im Moor - die violetten Blütenstände des Teufels-Abbiss dominieren das Bild.

Eiche im Nebel

Von Bäumen, Hecken und lebenden Zäunen

Einzeln oder in Gruppen wachsende Bäume sind von großem ästhetischen Reiz. Die knorrigen Baumriesen haben den Menschen schon immer fasziniert und die Fantasie zur Schaffung von zahlreichen Mythen und Legenden rund um den Baum beflügelt. Bereits in der Bibel symbolisiert der Baum das Leben (Genesis 2,9), in der nordischen Mythologie kommt der Esche als Weltenbaum „Yggdrasil" die Aufgabe zu, die drei verschiedenen Welten (Erdinneres, Erdoberfläche und Himmel) miteinander zu verbinden bzw. zusammenzuhalten. Die Linde, die als Symbol der germanischen Göttin Freya, der Göttin der Liebe und des Glücks, verehrt wurde, fand später als Dorflinde Eingang in unsere Siedlungen, und zahlreiche Gasthäuser tragen heute noch ihren Namen, auch wenn die stattlichen Bäume häufig schon längst verschwunden sind. Und die Eiche gilt seit dem 18. Jahrhundert als der deutsche Wappenbaum, der insbesondere von Friedrich Gottlieb Klopstock zum deutschen Nationalbaum befördert wurde.

Abendstimmung

Die vier Jahreszeiten - Feld-Ahorn zwischen Willebadessen und Kühlsen

Die Ehrfurcht, die unsere Ahnen vor den Baumriesen zeigten, ist unserer modernen Gesellschaft weitgehend abhanden gekommen. Wie sonst ließe sich die Unduldsamkeit gegenüber den Bäumen in Stadt und Land erklären, die vor allem in den letzten Jahrzehnten zahlreichen Bäumen das Leben gekostet hat.

Baumgruppen in der bäuerlichen Kulturlandschaft übernehmen wichtige Funktionen als Rückzugsgebiete für die heimische Flora und Fauna. Auch erfreuen sie sich großer Beliebtheit in der Vogelwelt - insbesondere die Saatkrähe ist als Koloniebrüter auf sie angewiesen.

Nächste Doppelseite: Imposante Baumgestalten legen Zeugnis ab von der Existenz eines ehemaligen Hudewaldes bei Gehrden.

Es ist vollbracht ... – auch das Leben einer Eiche geht einmal zu Ende.

Brutkolonie der Saatkrähe in einem Baumbestand bei Steinheim. Die Saatkrähe ist als Vogel der offenen Landschaft auf kleine Baumbestände als Brutplatz angewiesen - größere Wälder werden von ihr gemieden.

Werden Bäume ein- oder beidseitig von Straßen oder Wegen gepflanzt, spricht man von einer Allee. Der Begriff Allee stammt aus dem Französischen und wurde während des 17. Jahrhunderts in Deutschland eingebürgert. Er leitet sich von „aller“ - also „gehen“ ab. Der ursprüngliche Begriff „allée“ wurde zunächst nur für die schattigen Gehwege in den großen Gartenanlagen genutzt, später wurde er auf alle linearen Baumbestände entlang von Wegen ausgedehnt.

Buchenallee am Hamberg bei Riesel

Rosskastanienallee bei Reelsen

Eichenallee bei Schloss Holzhausen

Im Winter und Frühjahr wird der Aufbau der Nieheimer Flechthecke augenscheinlich.

Traditioneller Feldweg mit Saum und beidseitiger Hecke bei Godelheim

Hecken sind nicht nur von großer landschaftsästhetischer und ökologischer Bedeutung, sondern auch Zeugen historischer Landnutzungsformen. Der Name leitet sich vom althochdeutschen „hegga" ab und bedeutet „hegen, einhegen oder umzäunen". Im Mittelalter wurden Hecken zur Abgrenzung der Weiden und der dort grasenden Haustiere von den Ackerflächen angelegt. Damit sie diese Funktion erfüllen konnten, wurden bevorzugt dornige Sträucher wie Weißdorn oder Schlehe angepflanzt. Hecken übernahmen aber nicht nur die Funktion der heutigen Stacheldrahtzäune - sie dienten auch zur Futtergewinnung, indem die jungen Triebe von unbewehrten Gehölzen regelmäßig als so genanntes Blattheu geerntet wurden.

Eine besondere Form der Hecke stellt die Nieheimer Flechthecke dar. Sie besteht aus Haselsträuchern, deren Ruten miteinander verflochten werden, und zwischengepflanztem Weißdorn. Die Tradition des Heckenflechtens oder -bindens wird im Großraum Nieheim bis heute gepflegt.

Die dornigen Sträucher in den Hecken werden vom Neuntöter als Brutplatz bevorzugt. Hier kann er seine Nahrung - meist große Insekten - als Vorrat für „schlechte" Zeiten problemlos auf den Dornen aufspießen.

Die schmucklose Strauchschrecke ist im Sommer in allen Säumen der Hecken und Waldränder des Kreises anzutreffen. Ihr Gesang ist v.a. in den Abendstunden zu vernehmen.

Hecken und Gebüsche bei Godelheim

Der ästhetische und ökologische Wert einer Hecke ist besonders hoch, wenn ihr artenreiche Säume vorgelagert sind. Dort finden Pflanzen einen geeigneten Lebensraum, deren eigentlicher Lebensraum der Waldmantel ist, z.B. Maiglöckchen, Aronstab, Lerchensporn oder Busch-Windröschen.

Viele Gehölze unserer Hecken bezaubern im Frühjahr mit ihrer Blütenpracht. Im Herbst und Winter stellen ihre Früchte eine wichtige Nahrungsquelle für Vögel, Kleinsäuger und Insekten dar.

Die Zweige der Sträucher und hochwüchsigen Kräuter bieten den Spinnen vielfältige Möglichkeiten ihre Netze aufzuspannen oder Eikokons sicher zu befestigen.

Besonders vielfältig sind die Waldmäntel an trockenwarmen Standorten wie hier dem Bielenberg bei Höxter. Hier finden sich seltene Sträucher wie Liguster, Berberitze oder Wacholder sowie zahlreiche Arten der Magerrasen.

Der Mantel des Waldes

Ebenfalls ein typischer Schmetterling der Waldmäntel ist der Kaisermantel

Naturnah aufgebaute Waldmäntel sind von großem ästhetischen Reiz. Ähnlich den natürlichen Waldrändern bilden Sträucher einen Gebüschsaum, den so genannten Waldmantel. Diesem wiederum ist idealerweise eine Saumvegetation aus Stauden mit üppigen Blütenangebot vorgelagert. Der gleitende Übergang von Wald über Gebüsch hin zum Saum bietet zahlreiche Nischen für eine vielfältige Tier- und Pflanzenwelt. Hier leben zahlreiche Tierarten, die sowohl Habitate oder Nahrungsangebote des Waldes als auch des Offenlandes benötigen.

In den Waldmänteln trockenwarmer, bodensaurer Standorte ist neben der Brombeere häufig der Besenginster anzutreffen. Die relativ artenarme Krautschicht wird von Arten der bodensauren Magerrasen gebildet. Im von basenreichen Kalkgesteinen geprägten Kreis Höxter sind die gelbblühenden Gebüsche nur hier und da im Bereich der Egge und im Wesertal anzutreffen.

Die Raupen des Nierenflecks, einer unserer heimischen Zipfelfalter, sind auf Futterpflanzen aus der Familie der Rosengewächse angewiesen. Sie zeigen eine deutliche Vorliebe für Schlehen, die häufig in den Mänteln unserer Wälder anzutreffen sind.

Nur für kurze Zeit im Frühsommer blühen am Roten Berg bei Herstelle Besen-Ginster und Stechginster.

Im Bereich gut strukturierter Waldmäntel findet die Waldeidechse ideale Lebensbedingungen. Dort stehen Sonnplätze und Versteckmöglichkeiten sowie ein reichhaltiges Nahrungsangebot zur Verfügung.

Die Wald-Anemone ist in NRW nur im Stadtgebiet von Höxter anzutreffen. Sie ist eine typische Pflanze im Saum trockenwarmer Waldmäntel.

Spinnen gehören zum Beutespektrum der Waldeidechse.

Eichen wie diese Veteranen im Bereich der Hannoverschen Klippen wurden in den Hudewäldern durch den Menschen bewusst gefördert, da sie eine qualitativ hochwertige Mast versprechen.

Brennholz- und Weidewälder – urige Zeugen längst vergangener Zeiten?

Nur noch selten sind sie im Kreis Höxter anzutreffen - die bizarr anmutenden Nieder-, Mittel- und Hudewälder. Insbesondere die Hudewälder mit ihren großkronigen Baumveteranen werden häufig mit dem Attribut „Urwald" belegt. Diese Wälder als Urwald zu bezeichnen, ist allerdings mehr als irreführend - es handelt sich in Wirklichkeit um Wälder, die in der Vergangenheit vom Menschen besonders intensiv genutzt wurden. In den Hudewäldern weidete über Jahrhunderte das Vieh. Da dies nur in lichten Wäldern möglich ist, die genug Licht an den Boden lassen, so dass Gräser und Kräuter gedeihen können, sorgten der Mensch und durch den Verbiss der Jungbäume auch das Vieh dafür, dass Bäume nur noch in einem lockeren Verband auftraten. Dies brachte

Der Hirschkäfer, unser größter heimischer Käfer, ist ein typischer Bewohner alter Wälder und bevorzugt in lichten Alteichenbeständen anzutreffen.

einen weiteren Vorteil mit sich: Licht stehende Bäume bilden reich belaubte, ausladende Kronen aus, die wiederum reichlich Früchte ansetzen. Dies erlaubte es, zum einen auch noch das Laub als Zusatzfutter für die Weidetiere zu gewinnen, zum anderen dienten die energiereichen Eicheln und Bucheckern der Ausmast v.a. der Schweine, bevor sie dann im Winter geschlachtet wurden.

Neben der Eiche sind Hainbuche und Hasel die charakteristischen Baumarten der Nieder- und Mittelwälder.

Einem anderen Zweck dienten die Nieder- und Mittelwälder – sie waren die Energielieferanten des vorindustriellen Zeitalters. Die Nieder- und Mittelwälder, man kann sie mit gutem Recht auch als Brennholzwälder bezeichnen, wurden zu diesem Zweck alle 15 bis 30 Jahre auf den Stock gesetzt, d.h. die Bäume wurden kurz über dem Boden abgesägt. Da nicht alle Bäume diese so genannte Stockschneitelung vertragen, überlebten auf Dauer nur diejenigen, die in der Lage sind, aus dem Stock wieder auszutreiben. Gefördert wurden so v.a. Eiche und Hainbuche, die auf diese Weise die eigentlich konkurrenzfähigere Buche verdrängten. Vom Erscheinungsbild waren es niedrigwüchsige Wälder mit vielstämmigen, bizarr geformten Bäumen.
In den Mittelwäldern wurde die Brennholznutzung mit der Gewinnung von Bauholz kombiniert, indem man einzelne Bäume nicht regelmäßig auf den Stock setzte, sondern zu Überhältern durchwachsen ließ. Besonders gerne wurden Eichen verschont, da sie nicht nur wertvolles Bauholz liefern, sondern sich auch für die herbstliche Ausmast der Schweine nutzen ließen.

Der ehemalige Hudewald bei Gehrden. Die uralten Eichen stellen wertvolle Lebensräume für zahlreiche Insekten dar.

In weiten Mäandern durchfließt die Weser ihr breites Tal zwischen Höxter und Holzminden.

Lebensadern der Landschaft

Fließgewässer gelten als die Lebensadern der Landschaft schlechthin, stellen sie nicht nur das für alle Lebewesen unentbehrliche Wasser bereit, sondern fungieren zusammen mit den Auen für eine Vielzahl der Arten als Wanderkorridore. Mit den natürlichen Fließgewässern haben die Flüsse, aber auch die größeren Bäche, ja selbst die meisten Bachoberläufe in Mitteleuropa nicht mehr viel gemein. Ihre Gewässerbetten wurden eingeengt und verbaut, die ehemals geschwungenen oder vielfältig verzweigten Läufe begradigt und die ehemals durchgängigen Gewässerläufe wurden durch Wehre für die Gewässerorganismen weitgehend undurchlässig. Dies gilt auch für die Weser und ihre Zuflüsse, die die Kulturlandschaft zwischen Egge im Westen und Solling im Osten vielfältig gliedern.
Während die Weser als Bundeswasserstraße zwar noch in weiten Mäandern, aber in einem festen Korsett der Nordsee entgegenströmt, weisen die vielen Zuflüsse, selbst die größeren wie Nethe oder Emmer noch mehr oder weniger unverbaute Gewässerabschnitte auf. Dies sind die Bereiche, wo noch zahlreiche Elemente naturnaher Gewässer anzutreffen sind und wo sich bis heute eine artenreiche Lebewelt erhalten hat.

Nethe mit Nethebrücke bei Ottbergen. Die reichhaltige Unterwasservegetation ist Grundlage für eine vielfältige Unterwasserfauna.

Flussröhrichte säumen das Ufer der Weser. Sie sind Lebensraum einiger sehr seltener Pflanzenarten.

Der Taubenborn, Relikt einer alten Kulturlandschaft in der Weseraue.

Das Fluss-Greiskraut ist eine seltene, wärmeliebende Stromtalpflanze, deren Vorkommen sich auf die naturnäheren Abschnitte der großen Flüsse beschränkt. Entlang der Weser ist das Fluss-Greiskraut noch erfreulich oft anzutreffen.

Im Spätsommer streckt der Wiesen-Alant seine gelben Blütenköpfe der Sonne entgegen. Er gilt wie das Fluss-Greiskraut als Stromtalpflanze und ist heute ebenso selten wie dieses. An der Weser ist es zerstreut in kleinen Beständen entlang des gesamten Flusslaufes anzutreffen.

Vor allem in den Buhnenteichen wächst die Schwanenblume und verzaubert den Betrachter mit ihren hübschen Blütenständen.

Das Diemeltal markiert im Süden die Kreisgrenze und stellt zugleich die Landesgrenze nach Hessen dar.

Die Fische der Weser und der angrenzenden Baggerseen stellen die wichtigste Nahrungsgrundlage für den Graureiher und den Kormoran dar. Während der Graureiher mehrere Brutkolonien im Wesertal besitzt, ist der Kormoran eher ein Wintergast.

Kopfweiden sind in den Fluss- und Bachtälern des Kreises noch regelmäßig anzutreffen. Wie früher wird das Holz auch heute noch als Brennmaterial genutzt. Die knorrigen Köpfe der Weiden bieten zahlreichen Tierarten einen geeigneten Lebensraum.

Nächste Doppelseite:
Eisgang auf der Weser
bei Höxter und
Lüchtringen

Bereits im Winter ist der Reviergesang der Wasseramsel an den kleineren Fließgewässern im Kreis zu vernehmen.

Die Feuchtgebiete in den Auen unserer Flüsse und größeren Bäche sind Lebensraum der Ringelnatter.

Nethe bei Siddessen
im Winter.

Artenreiches, von Schafen beweidetes Magergrünland bedeckt die Hänge des Desenberges.

Zeugen einer *feurigen* Vergangenheit

Im Süden des Kreises findet sich der markant aus der Warburger Börde ragende Kegel des Desenberges. Er ist vulkanischen Ursprungs und vor etwa 19 Millionen Jahren entstanden. Allerdings ist dieser nördliche Ausläufer des tertiären nordhessischen Basaltvulkanismus nie ausgebrochen. Die Magma blieb im Deck-Gestein stecken, kühlte ab und bildet den bis heute erhaltenen harten Basaltstumpf, während die ihn ursprünglich umgebenden weicheren Keuperschichten abgetragen wurden.
Aber nicht nur der ca. 150 m über die Börde ragende Desenberg ist vulkanischen Ursprungs. Im Kreis finden sich weitere, wenn auch weniger auffällige „Feuerberge".

Der Hüssenberg bei Eissen, ein weiterer, zum Teil abgebauter Basaltschlot einige Kilometer nordwestlich des Desenberges

Der Desenberg, das Wahrzeichen der Warburger Börde, im Verlauf der Jahreszeiten

Die Spitze des Desenbergs krönt die Burgruine des alten Adelsgeschlechts derer von Spiegel. Vom begehbaren Burgfried der Ruine bietet sich ein atemberaubender Blick weit über die Börde hinaus.

Uhus im Steinbruch

Lebensräume aus zweiter Hand

Viele Eingriffe des Menschen wie Steinbrüche oder Kiesgruben stellen sich auf den ersten Blick als „Wunden" in der Landschaft dar. So wurden und werden sie auch heute noch häufig behandelt und schnell wieder „geheilt" – zumeist, indem man sie wieder verfüllt. Sofern man aber auf die Selbstheilungskraft der Natur vertraut und diese gegebenenfalls mit sinnvollen Gestaltungsmaßnahmen unterstützt, werden die „Wunden" alsbald wieder Platz für ein reichhaltiges Leben bieten, das genauso schön, häufig sogar schöner und interessanter sein kann, als es der ursprüngliche Lebensraum ermöglicht hat.

Weiher im Feuchtgebiet Multhöpen bei Ottenhausen – Lebensraum zahlreicher Amphibien- und Libellenarten

Weiher, Teiche, Baggerseen

In den Mittelgebirgen, insbesondere wenn sie durch wasserdurchlässige Kalkgesteine wie den Muschelkalk aufgebaut werden, sind natürliche Stillgewässer selten. Viel häufiger anzutreffen sind Weiher, Teiche und Seen, die durch den Menschen geschaffen wurden. Insbesondere im Mittelalter ließen die Mönche zahlreiche Fischteiche anlegen, denn Fisch und Krustentiere gehörten zur Fastenspeise. Heute sind sie zumeist nicht mehr vorhanden. Dafür findet sich eine Vielzahl von Fischteichen, die im 19. und 20. Jahrhundert überwiegend zur Forellenzucht angelegt wurden, und darüber hinaus auch Viehtränken, die, wenn sie nicht mehr oder nur extensiv genutzt werden, artenreiche Lebensräume darstellen können.

Im Gegensatz zu Weihern und Teichen ist der Typus des Baggersees jüngeren Datums. Entstanden durch den Abbau von Kiesen und Sanden seit Mitte des 20. Jahrhunderts weisen sie ganz andere Größen und Tiefen auf. Von natürlichen Seen unterscheiden sie sich durch das Fehlen oberflächlicher Zuflüsse oder Abflüsse - vielmehr korrespondiert ihr Wasserkörper mit dem Grundwasser.

Kiesseen bei Godelheim, Baggerseen sind im Wesertal in großer Zahl anzutreffen. Sie sind v.a. für unsere heimischen Wasservögel von großer Bedeutung, sei es als Überwinterungsgebiet, Rastplatz oder zur Aufzucht des Nachwuchses.

Teich-, Berg- und Kammmolch sind in den fischfreien Kleingewässern des Kreises häufig in großer Individuendichte anzutreffen.

Gewässer mit reicher Unterwasservegetation und Uferröhrichte sind Lebensraum zahlreicher Libellenarten wie der Gefleckten Heidelibelle.

Die Blütenkelche der Seerosen sind eine Zierde für jeden Dorfteich.

Der Kormoran überwintert seit Ende des 20. Jahrhunderts mit mehreren Hundert Exemplaren an den Baggerseen des Oberweserraumes.

Der häufigste Wasservogel auf den Teichen in Dörfern und Parks ist die Stockente. Aber auch exotische Verwandte, wie die Manderinente, sind hier anzutreffen.

Balzendes Haubentaucherpaar

Auf dem Durchzug nutzen Watvögel wie der Grünschenkel die Flachwasserbereiche und schlammigen Ufer zur Nahrungssuche.

Alter Kalksteinbruch auf dem Bielenberg bei Höxter

Schotter, Mergel, Ton und Kies

Die mangelhaften Transportmittel erlaubten in der bäuerlichen Kulturlandschaft keinen Transport von Massengütern über längere Strecken. Dies hatte zur Folge, dass jedes Dorf und jede Stadt die notwendigen Rohstoffe in der näheren Umgebung gewinnen musste. Es verwundert somit nicht, dass man bei genauerem Hinsehen überall kleine Steinbrüche, Ton- oder Mergelgruben antrifft. Häufig sind sie weitgehend verfüllt oder mit dichtem Baumwuchs bestanden. Weisen sie aber noch offene, gut besonnte Bereiche auf oder gar Kleingewässer, stellen sie wichtige Sonderlebensräume dar, die eine spezifische Flora und Fauna beherbergen.

Offene Böden und Schotterflächen sind nicht nur Lebensraum des Sandlaufkäfers, sondern auch bevorzugter Wuchsort des Deutschen Enzians.

Im Sommer kann man in den Kies- und Sandgruben im Wesertal und an der Egge den hellen Ruf der Geburtshelferkröte vernehmen. Da ihr Ruf an ein Glöckchen erinnert, wird sie auch Glockenfrosch genannt. Sie stellt eine Besonderheit unter den heimischen Amphibien dar - denn das Männchen betreibt Geburtshilfe indem es die Laichschnur des Weibchens mit den Eiern um seine Hinterbeine wickelt und solange mit sich herumträgt, bis die Embryonen schlupfreif sind.

Alljährlich im Frühsommer geben die Laubfrösche lautstarke Konzerte in den ehemaligen Tongruben bei Nieheim

Im südwestlichen Zipfel des Kreises wurden in der Vergangenheit Zink und Bleierze abgebaut. Die Bleikuhle bei Blankenrode im Kreis Paderborn zeugt von diesen Aktivitäten. Auf dem Gebiet des Kreises Höxter befindet sich die an Schwermetallen reiche Abraumhalde. Aufgrund der Giftigkeit der Schwermetalle kann hier nur eine speziell angepasste Flora wachsen. Hierzu gehört das blaublühende Galmeiveilchen, dass weltweit nur im Bereich der Bleikuhlen und des angrenzenden Wäschebachtals anzutreffen ist!

Die Felswände von Steinbrüchen stellen einen beliebten Nistplatz des Uhus, unserer größten Eule, dar.

Ausflug eines Großen Mausohrs aus dem Stollen im Bielenberg/Höxter

Leben im Untergrund – Stollen und Höhlen

Größere natürliche Höhlen sind im Kreis Höxter selten. Häufiger anzutreffen sind dagegen alte Stollen und ehemalige Eiskeller, die ähnlich den natürlichen Höhlen wichtige Überwinterungsquartiere v.a. für Fledermäuse darstellen. Diese verbringen dort die kalte Jahreszeit in wohl klimatisierter Umgebung. Wichtig sind Frostfreiheit, ausreichende Luftfeuchtigkeit, kein Zug und natürlich Ungestörtheit, denn die Tiere fallen in einen tiefen Winterschlaf und sind dadurch „Störenfrieden" schutzlos ausgeliefert.

Werden nicht mehr genutzte Wasserhochbehälter für Fledermäuse zugänglich gemacht, können sie wertvolle Winterquartiere darstellen. Der Wasserhochbehälter bei Brenkhausen wurde mit finanzieller Hilfe der NRW-Stiftung fledermausfreundlich gestaltet.

Überwinterndes Großes Mausohr im Stollen im Bielenberg

Kalkscherbenacker mit Feld-Rittersporn, Kamille und Klatsch-Mohn

Wildkrautreiche Äcker

Knospe des Klatsch-Mohn

Kornrade, Kornblume, Frauenspiegel oder Mohn - sie alle zierten über viele Jahrhunderte mit ihrer Blütenpracht die sommerlichen Ackerfluren. Als enge Begleiter der Ackerbauern sind diese „Wild"-Krautarten erst mit dem Getreide in Mitteleuropa heimisch geworden. Sie sind somit kein Element der Naturlandschaft und können nur unter der Obhut des Menschen bei uns überleben. Die Überlebensmöglichkeiten sind unter den Rahmenbedingungen einer modernen, arbeitsextensiv betriebenen Landwirtschaft aber kaum noch gegeben. Wildkrautreiche Äcker gehören dementsprechend zu den seltensten Lebensräumen überhaupt. Da viele Tierarten der Feldflur direkt oder indirekt auf Ackerwildkräuter als Nahrungsquelle angewiesen sind, weisen auch sie drastische Bestandrückgänge auf.

Kamille-Bestand auf einem Acker am Hamberg bei Riesel

Blüte des Klatsch-Mohn

Ebenso bedroht wie die Ackerwildkrautgesellschaften – das Rebhuhn

Das rotblühende Sommer-Adonisröschen gehört zu den seltensten Ackerwildkräutern in Deutschland.

Phacelia, auch Bienenfreund genannt, wird hier und da zur Gründüngung als Zwischenfrucht angebaut. Die blauen Blüten werden ebenso wie die Gelben des Raps gerne von Bienen angeflogen und sorgen für eine gute Tracht.

Fruchtstand der Acker-Haftdolde auf einem Acker bei Ossendorf

Wer kennt sie noch - die Kornblume?

Erkeln - ein typisches bäuerliches Dorf

Leben in Dorf und Stadt

Zahlreiche Tiere und Pflanzen sind zu unmittelbaren Nachbarn des Menschen geworden - sie sind ihm in die Dörfer und Städte gefolgt. Viele dieser Arten waren in der Naturlandschaft nicht heimisch, sondern sind erst als Kulturfolger in den Fußstapfen des ackerbautreibenden Menschen aus südlichen oder östlichen Gefilden bei uns eingewandert. Für ihren Fortbestand als Bestandteil der heimischen Flora und Fauna sind sie häufig auf das Wohlwollen des Menschen angewiesen.

Charakteristisch für Bauerngärten ist das Nebeneinander von Nutz- und Zierpflanzen.

Das Schwarze Bilsenkraut wird als Heilpflanze mit narkotischen und halluzinogenen Wirkungen schon lange vom Menschen in seinen Siedlungen kultiviert. Es galt lange Zeit als Hexenkraut. Heute ist dieser typische Vertreter der Dorfflora kaum noch in unseren Dörfern anzutreffen.

Als die typische Dorfpflanze schlechthin gilt der Gute Heinrich. Man findet ihn in den dörflichen Unkrautbeständen, an Wegen, Dungstätten oder an Viehlagern. Als Pionierpflanze bevorzugt er nährstoffreiche, insbesondere stickstoffreiche Böden. Durch die Versiegelung entsprechender Flächen und das Fehlen freilaufender Haustiere ist er heute selten geworden.

Alte Bruchsteinmauern bieten Lebensraum für Spezialisten wie die Mauerraute, deren angestammter Lebensraum natürliche Felsformationen sind.

Fast vergessene Heilpflanzen - Osterluzei und Herzgespann. Sie gehörten früher in jeden guten Bauerngarten.

Balzendes Turmfalkenpaar und Turmfalkennestling

Kirchtürme und hohe Gebäude wie das Steinerne Haus in Borgentreich sind bevorzugter Brutplatz des Turmfalken

Die großen Dachböden der Bauernhäuser und die Scheunen in der Feldflur bieten der Schleiereule auch in schneereichen Wintern ein sicheres Quartier und hinreichend Nahrung - z.B. in Form von Hausmäusen.

Wer kennt sie nicht - die Schwalben. Während die Mehlschwalbe außen an den Häusern ihre Nester errichtet, ist die Rauchschwalbe auf freien Zugang zu den Viehställen angewiesen, da sie dort ihre Jungen großzieht.

Freileitungen sind beliebte Sammelplätze für gesellige Vögel wie Stare oder Schwalben.

Große Mausohren in der Wochenstube. Dort bringen die Weibchen ihre Jungen zur Welt und ziehen sie auf. Männchen haben hier keinen Zutritt!

Der große Dachboden des Historischen Rathauses in Höxter beherbergt eine Wochenstube des Großen Mausohrs - mit 35 bis 43 cm Flügelspannweite unsere größte heimische Fledermausart.

Fichtenaltbestand in der Egge

Naturfern – doch voller Leben

Ursprünglich waren Nadelbäume mit Ausnahme der Eibe und evtl. des Wacholders im Kreis Höxter nicht heimisch. Erst der Mensch hat sie hier angesiedelt. Wald- und Schwarzkiefern finden sich dagegen häufig im Bereich ehemaliger Kalk-Magerrasen, die nach Aufgabe der landwirtschaftlichen Nutzung mit diesen anspruchslosen Baumarten aufgeforstet wurden. Die Kiefer baut auf den ausgehagerten Böden der Magerrasen zunächst lichte Wälder auf, die durch das Vorkommen seltener Pflanzen- und Tierarten gekennzeichnet sind.

Lichte Kiefernwälder sind im Kreis Höxter allerdings nicht mehr häufig, denn nach ein oder zwei Waldgenerationen wird die Kiefer von Laubbäumen abgelöst, deren Kronendach dichter schließt und der lichtliebenden Krautschicht so den Lebensraum entzieht.

Finden sich auch in lichten Nadelwäldern: Das Rote und das Schwertblättrige Waldvöglein

Wacholderreicher Kiefernwald im NSG „Wandelnsberg“ bei Beverungen

Lebensraum des nur 24 - 26 cm großen Raufußkauzes sind große geschlossene Waldgebiete mit einem hohen Anteil an Fichten. Als Höhlenbrüter ist er auf Baumhöhlen angewiesen, besonders gerne nutzt er verlassene Höhlen des Schwarzspechts.

Die Fichte bevorzugt feuchtes und kühles Klima und war ursprünglich nur in den höheren Gebirgslagen anzutreffen. Aufgrund ihres schnellen Wachstums kann sie bereits in jüngeren Jahren kostendeckend geerntet werden. Nicht zu unrecht wird sie deshalb als „Brotbaum" des Forstmannes bezeichnet und wurde seit dem 19. Jahrhundert überall in Mitteleuropa angepflanzt. Heute ist die Fichte in Deutschland mit über 28 % Flächenanteil am Wald die häufigste Baumart. Im Kreis Höxter beansprucht sie einen Flächenanteil von etwa 26 % der Waldfläche.

Auf den Lichtungen der Fichtenwälder der Egge ist der Fingerhut regelmäßig anzutreffen.

Die in den letzten Kapiteln angeführten Beispiele zeigen, dass selbst naturferne Lebensräume wertvolle und schützenswerte Lebensgemeinschaften beherbergen.
Die mögliche Schlussfolgerung, dass wir auf die letzten Reste der Naturlandschaft oder die noch überall vorhandenen Relikte der bäuerlichen Kulturlandschaft verzichten können, wäre jedoch nicht richtig - die Vielfalt der Arten im „Kulturland Kreis Höxter" ist ebenso wie seine Identität mit der Bewahrung und dem pfleglichen Umgang der über Jahrhunderte gewachsenen landschaftlichen Vielfalt auf Engste verknüpft.

Der Textautor:
Dr. Burkhard Beinlich ist wissenschaftlicher Leiter der Landschaftsstation im Kreis Höxter. Arbeitsschwerpunkte sind die Betreuung von Naturschutzgebieten sowie die Bearbeitung zoologischer Fragestellungen.
Seit vielen Jahren beschäftigt er sich mit der Geschichte der Kulturlandschaften Mitteleuropas.

Der Bildautor:
Frank Grawe ist wissenschaftlicher Mitarbeiter der Landschaftsstation im Kreis Höxter. Er ist hier verantwortlich für die Bereiche Flora und Vegetation. Nebenberuflich widmet er sich der Fotografie. Hauptthemen sind Natur, Landschaft und Naturerleben.

Fotografisches:
Der überwiegende Teil der Aufnahmen in diesem Buch entstand mit dem Leica-R-System auf Fuji-Diamaterial. Es kamen Brennweiten von 24 bis 800 mm zum Einsatz. Fast alle Bilder wurden vom Stativ aus aufgenommen. Blitzgeräte wurden nur selten verwendet, häufig dagegen Aufheller. Einzige Filter waren Grauverlauf- und Polarisationsfilter.
Beim Fotografieren wurde vor allem Wert darauf gelegt, dass Pflanzen nicht beschädigt und Tiere nicht gestört wurden. Für einige wenige Aufnahmen wurden Tiere kurzzeitig ihrem Lebensraum entnommen (Bachforelle, Molche). Dies geschah im Rahmen wissenschaftlicher Untersuchungen (Elektrobefischung, Kammmolchkartierung) durch die Landschaftsstation. Die abgebildeten Falkennestlinge wurden während ihrer Beringung fotografiert. Die Wildkatzenaufnahme entstand im Freigehege.